筑境

中国精致建筑100

中国精致建筑100

江南包袱彩画

中国建筑工业出版社

出版说明

中国是一个地大物博、历史悠久的文明古国。自历史的脚步迈入新世纪大门以来，她越来越成为世人瞩目的焦点，正不断向世人绽放她历史上曾具有的魅力和光辉异彩。当代中国的经济腾飞、古代中国的文化瑰宝，都已成了世人热衷研究和深入了解的课题。

作为国家级科技出版单位——中国建筑工业出版社60年来始终以弘扬和传承中华民族优秀的建筑文化，推动和传播中国建筑技术进步与发展，向世界介绍和展示中国从古至今的建设成就为己任，并用行动践行着“弘扬中华文化，增强中华文化国际影响力”的使命。从20世纪80年代开始，中国建筑工业出版社就非常重视与海内外同仁进行建筑文化交流与合作，并策划、组织编撰、出版了一系列反映我中华传统建筑风貌的学术画册和学术著作，并在海内外产生了重大影响。

“中国精致建筑100”是中国建筑工业出版社与台湾锦绣出版事业股份有限公司策划，由中国建筑工业出版社组织国内百余位专家学者和摄影专家不惮繁杂，对遍布全国有历史意义的、有代表性的传统建筑进行认真考察和潜心研究，并按建筑思想、建筑元素、宫殿建筑、礼制建筑、宗教建筑、古城镇、古村落、民居建筑、陵墓建筑、园林建筑、书院与会馆等建筑专题与类别，历经数年系统科学地梳理、编撰而成。本套图书按专题分册，就其历史背景、建筑风格、建筑特征、建筑文化，结合精美图照和线图撰写。全套100册、文约200万字、图照6000余幅。

这套图书内容精练、文字通俗、图文并茂、设计考究，是适合海内外读者轻松阅读、便于携带的专业与文化并蓄的普及性读物。目的是让更多的热爱中华文化的人，更全面地欣赏和认识中国传统建筑特有的丰姿、独特的设计手法、精湛的建造技艺，及其绝妙的细部处理，并为世界建筑界记录下可资回味的建筑文化遗产，为海内外读者打开一扇建筑知识和艺术的大门。

这套图书将以中、英文两种文版推出，可供广大中外古建筑之研究者、爱好者、旅游者阅读和珍藏。

目录

江南包袱彩画

居家生活或高堂迎客，气氛弥为重要。

元王子一《误入桃源》第二折：“光闪闪贝阙珠宫，齐臻臻碧瓦朱甍，宽绰绰罗帏绣栊，郁巍巍画梁雕栋”，描绘的是一幅富丽堂皇的建筑场景。

其实，在江南，有一种清雅而温馨格调的建筑彩画艺术，亦古朴，亦通俗，亦流苏排列，亦簇锦飞扬，它成就了一幢幢独特的江南建筑，它构筑起一处处别致的愉悦乐土，这就是包袱彩画。

一、绛巾覆首 包袱梁架

何谓"包袱彩画"？

《辞海》释"包袱"："用作包裹的布。"郝懿行义疏《尔雅·释器》"缡"："登州妇人络头用首帕，其女子嫁时以绛巾覆首，谓之袱子。"中国古建筑研究老前辈刘致平先生曰："所谓苏式彩画，画法是在大小额枋的枋心处，用包袱形彩画，包起如搭袱子"（《中国建筑类型与结构》）。彼此参照，此案极确。即所谓包袱彩画，是形如用织品包裹在建筑构件上的彩画。

从实际情形来看，考察所见的江南包袱彩画，确多具上述特征。展开梁架上的"包袱"，是形如一幅幅的"巾"，而图案也多为织品样式锦纹，包袱边还常有流苏状的织锦特征或边棱。江苏南京南唐李昪钦陵墓室，四壁模仿木结构式样，柱头彩画则仿佛是丝绸锦绣璎珞下垂。

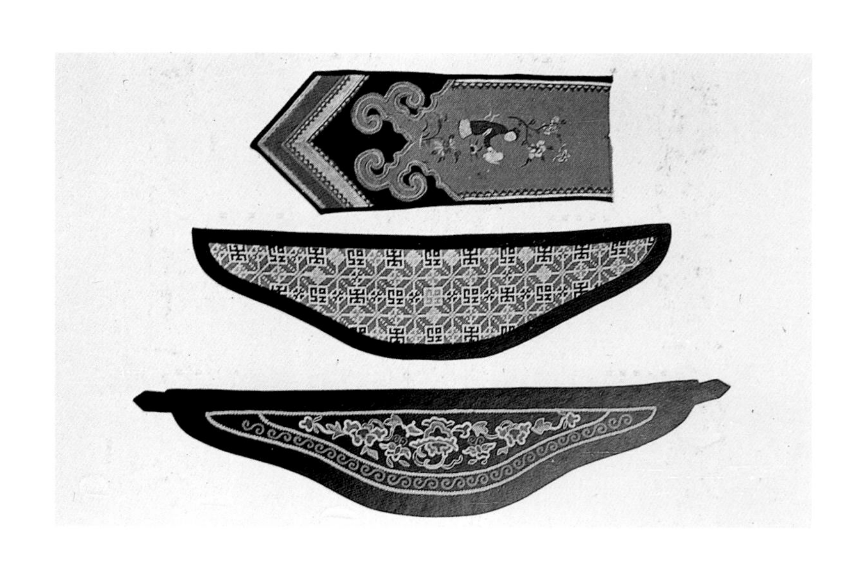

图1-1 织锦袱子

"袱子"，古代妇女的包头巾。外有边饰，内有纹样。该图中上图纹样为人物；中图纹样为几何纹；下图纹样为花草。袱子在中国古代服饰中又多以织锦制成。（图片来源：(日)箸尾昇 编，《支那之刺绣》，河本清出版部，昭和6年（1931年））

图1–2 苏式彩画

“苏式彩画”是以清代苏州为代表的地方特色彩画来命名的。其特征是用包袱式作中心构图，包袱有边饰，中有纹样，宛如一块织品包裹于梁上。（图片来源：北京文物整理委员会 编.《中国建筑彩画图案》. 人民美术出版社，1955年）

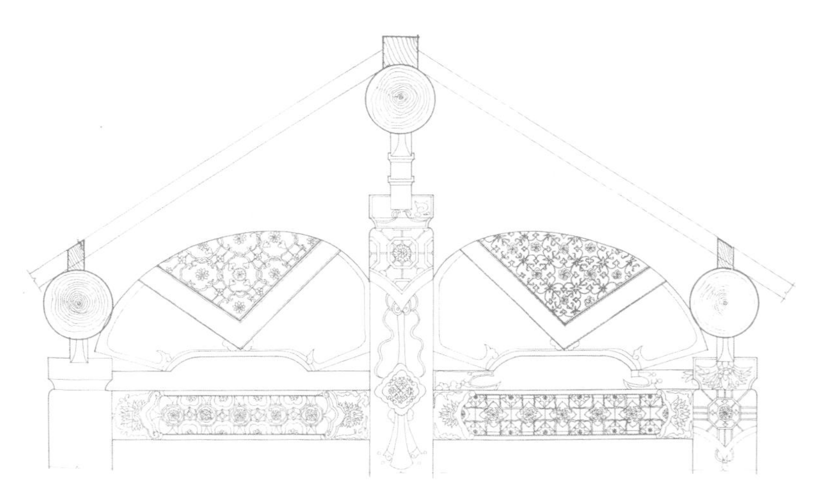

图1-3 江苏常熟彩衣堂包袱彩画一（章忠民 测绘）

山墙柱子、劄牵、枋子彩画

江苏常熟彩衣堂山墙柱子、劄牵（起联系作用的小短梁）、枋子上均绘包袱式彩画。柱头上如“袱子”之秀角下垂，还有结带舒展低悬。劄牵和枋子上彩画边饰对称，内纹样则各异。

图1-4 江苏常熟彩衣堂包袱彩画二（章忠民 测绘）

轩梁、荷包梁、枋子彩画（次间）

江苏常熟彩衣堂次间（当心间两侧）轩部的梁枋彩画。下部枋子中心是一上裹的“包袱”；中间月梁上是一矩形状的“包袱”，边饰以龙纹，中间为几何纹；上端小月梁上纹以花样。

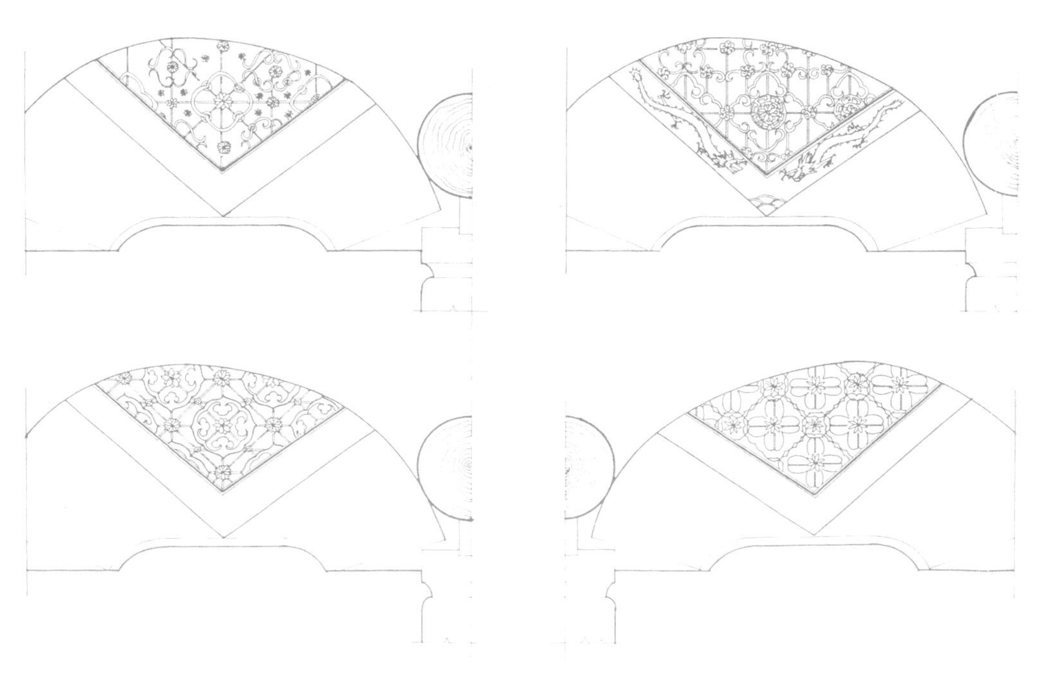

图1-5 江苏常熟彩衣堂包袱彩画三（章忠民 测绘）

江苏常熟彩衣堂各种山墙剳牵上的包袱彩画。边饰大小规模一致，而里面的纹样则变化丰富，但均为几何形织锦纹。统一而不呆板，协调而不零乱。

图1-6 江苏南京南唐钦陵地宫彩绘
南唐开国皇帝李昪钦陵，三主室都仿木结构房屋式样，在壁面上砌出柱、梁、斗栱等，且有彩绘，为早期样式。柱头上，下垂的璎珞边饰饱满丰润，线条流畅，斗栱和梁枋上亦绘有花纹。

它启示我们这样的疑问：江南包袱彩画与“包袱”之类的纺织品关系究竟如何？织品的兴盛对包袱彩画的勃兴是否产生过重要影响？织品与建筑装饰艺术又有何联系呢？

二、宫墙文画 锦绣被堂

实际上，用织品包裹建筑构件，有史已久。

最早见于刘向《说苑·反质》所载："纣为鹿台糟丘，酒池肉林，宫墙文画，雕琢刻镂，锦绣被堂，金玉珍玮。"此说的是商代纣王时的事情，"被"作"被覆、遮盖"解。又从安阳殷墟发掘得知：殷商时期锦绣生产已较发达，殷墟大墓发掘的青铜兵戈上，"皆有绢帛"的痕迹。可以设想，在殷商出现高级织品以后，便有用锦绣被覆建筑或包裹其他器物的

图2-1　湖南长沙马王堆汉墓出土的西汉菱花贴毛绢
西汉菱花贴毛绢。织物上的菱形图案是当时最常见的，在其他工艺装饰（如铜器、漆器、彩绘陶等）中亦屡见不鲜。贴毛绢即"绢片贴毛"，这种技术是汉代织绣工艺的新创造。(图片来源：湖南省博物馆、中国科学院考古研究所 编，《长沙马王堆一号汉墓(下)》，文物出版社，1973年)

图2-2　湖南长沙马王堆汉墓出土的彩绘帛画/对面页
长沙马王堆出土的西汉彩绘帛画，不仅画面构图完整，意蕴深远。帛画自上而下可分作三层：天界（上）、人界（中）、地下世界（下），而且在帛上作画的技艺已达到相当高的水平。(图片来源：湖南省博物馆、中国科学院考古研究所 编，《长沙马王堆一号汉墓(下)》，文物出版社，1973年)

做法出现。以后又有秦始皇建咸阳宫，“木衣绨绣，土被朱紫”的记录，这里“衣”应作“穿、裹、扎”释。我们称此做法为“锦绣装饰”。

及至汉代，此锦绣装饰艺术迅速发展。当时丝织工艺已很发达，在上层阶级使用的建筑中，直接悬挂锦绣或在木梁柱上裹以绫锦并配以明珠、翠羽、金玉等珍贵饰物，已蔚成风气。例如：

宫殿中，“绣栭云楣……镂槛文栱……故其馆室次舍，采饰纤缛。裛以藻绣，文以朱绿，翡翠火齐，络以美玉。”（张衡《西京赋》）

图2-3 湖南长沙马王堆汉墓出土的1号墓锦绣内棺

1号墓锦绣内棺长2.02米，宽69厘米，高63厘米。内棺盖铺绒绣锦和菱花贴毛锦，棺壁为黑地彩绘棺纹，周以锦绣装饰。覆盖在锦绣内棺盖上的是彩绘帛画。可以想见其时锦绣装饰之发达。(图片来源：湖南省博物馆、中国科学院考古研究所 编，《长沙马王堆一号汉墓(下)》，文物出版社，1973年)

又出土的西汉长沙马王堆的1、2、3号墓，均可见锦绣装饰的实物。在1号及3号墓盛放尸体的内棺四壁板和盖板上，全部用满绣云彩和神兽的丝织物包裹。2号墓因棺椁坍塌，内棺不详，但从边箱的情况看，如同1号墓北边箱，应是象征主人生前居住的地方，四壁张挂着丝织品的帷幔。这大概就是贾谊的《上疏陈政事》中所说的“富民墙屋被文绣”（《汉书·贾谊传》）。

对此富有人家的奢侈之风，曾欲禁用，贾谊给皇帝上书有“所谓舛也”（《西汉会要·舆服下》），帝也有诏书，但无济于事。至汉哀帝幸臣董贤起大第时，“木土之功穷极技巧，柱槛衣以绨锦”（《汉书·佞幸传》），其“无度骄嫚”，以至于“不敬，大失臣道，见戒不改，后贤夫妻自杀，家徙分浦”（《古今图书集成·考工典》）。真是明珠弹雀，得不偿失。

但值得注意的是，当北方锦绣装饰之风愈发不可收拾之时，从文献资料及考古发掘，却不见汉代及其以前江南一带有锦绣装饰的实例。

《吴越春秋》曾记载这样事情：越王勾践被禁三年返国后，卧薪尝胆，为灭吴国，在得知“吴王好起宫室，用工不辍”后，遂“巧工施校，制以规绳，雕治圆转，刻削磨砻，分以丹青，错画文章，婴以白璧，镂以黄金，状类龙蛇，文彩生光”（《吴越春秋》），乃使大夫文钟献之于吴王。试想，如此用心之举，若再于宫室内缠裹锦绣，岂不更奂轮哉？越王绝非吝啬，实为其时江南并无高级织品。又，任昉《述异记》载勾践为“重财币以遗其君，多货贿以喜其臣”，得范蠡之谋，“乃示民以耕桑”，以及刘向《说苑》曰“鲁人善织履，妻善织缟，而徙于越”，均可相互参证。

由此，我们可以得出如下认识：

第一，锦绣装饰的出现，最初始于商代中原，逮于汉代，又涉汉水流域。

第二，官贾大户的宫室、墓室、住屋建筑构件裹以锦绣，是为追求奢靡，以示华美高贵，所谓“繁花似锦”。这种做法并非出于保护木构之功能，纯为装饰和标榜之目的。

第三，丝织品丰富为锦绣装饰兴盛的重要前提。一方面，北方“齐带山海，膏垠千里，宜桑麻”，江南则“绵绵葛藟，在河之浒”，当时特定的地理环境条件，形成了北方盛产高级缯帛、江南生产用于庶民的麻葛织品的差别。另一方面，中国早期政治中心主要在中原，这样，由于上层统治阶级需要的刺激，在汉及其以前，丝织中心主要集中在黄河流域中下游。于此情形下，北方飞栋临青绮，“以五采丝輓显游戏第中”（《古今图书集成·考工典》），就成为当然之事了。山西太原天龙山

图2-4 山西太原天龙山石窟塔心柱上雕刻的锦绣帷幔

天龙山石窟塔心柱上的锦绣帷幔，虽为石作，但结带飘逸，丝络下垂，帷幔款款有致，颇为生动和形象，如见真物。

石窟虽完成于公元6世纪，但在石窟的塔心柱上看到的帷幔和锦绣装饰雕刻，足以想象其时及前朝北方建筑室内的情形。

政治、经济对锦绣装饰艺术发展、转化的影响是如此深刻。当后世统治政权、经济文化逐步南迁后，此最初的锦绣装饰艺术便成为江南包袱彩画形成之渊源。

三、深坊小巷 绣额珠帘

从公元4世纪初叶起，我国北部在136年之间，酿成“五胡十六国”的混乱局面。东晋政权被迫南迁，空前规模的人口大流徙爆发，拉开了南方经济急剧发展的帷幕。唐朝“安史之乱”时，北方人民及士族再次南迁，我国经济发展于此时成为南盛北衰的一个转捩。而宋王朝政治中心的南渡，促使我国古代经济重心南移行程的完成，社会遂全面进入南盛北衰的历史阶段。这些史实，和江南包袱彩画的形成颇具深刻的内在关系，其最突出的，乃江南丝织业的兴起对江南锦绣装饰艺术发展产生的重要作用。

随着江南人口增加的刺激、北方工具及技术的引进和经济长期的开发，江南丝织业逐渐发展起来。又，浙江东道节度使薛兼训在唐代曾命军中未婚者去北方“娶织妇以归，岁得数百人，由此越俗大化，竞添花样，绫纱妙称江左矣”（李肇《国史补》），这样加速了纺织中心的南移。

至北宋年间，“国家根本，仰给东南”，江南一带“茧簇山立，缲车之声连甍相闻”（《直觏李先生文集》），在“天下丝缕之供皆在东南，而吴丝之盛，唯此一区”的情形下，江南锦绣装饰逐步流行。如晋时，主要是重要建筑如建康（今南京）宣阳门上的重楼“皆绣栭藻井”；至北宋时，已是“市列珠玑，户盈罗绮竞豪奢”（柳永《望海潮词》）。

图3-1 河南省禹州市白沙宋墓一号墓后室北壁彩画

该彩画是锦绣装饰建筑室内的生动写照。绯彩帘幔，绣额饰柱，以红色为主调，烘托出富丽的建筑场景。(图片来源：宿白 著，《白沙宋墓》，文物出版社，1957年)

在随后的南宋时期，江南一带太平日久，人物繁阜，锦绣装饰可谓踵事增华，日趋于美。

首先，赵宋政权南渡，带来了部分官工业的南迁，特别是直接为皇家服务的土木营造业。它们使得昔日皇家建筑及重要观宇的装饰艺术在江南城中出现。如吴自牧《梦粱录》载临安城皇宫大丽门“皆金钉朱户，画栋雕甍……巍峨壮丽，光耀夺目”；又如淳熙三年（1176年）所建苏州天庆观“正殿穹崇……琼櫓绣栱，倏若化成”（龚颐正《上梁文》）。

其次，北宋后各阶层的大量人口相继南迁，使得北方风俗经长期过渡已逐步融合于江南民间。如临安（今杭州）食物店，多因汴人开设（北宋都城称汴梁，今开封，汴人即汴梁人），店铺装饰皆仿故都成俗。“店门首彩画欢门，设红绿杈子，绯彩帘幙，贴金红纱栀子灯……”（旧传因五代郭高祖游幸汴京潘楼，带回建筑装饰，后至南宋成俗）。

实际上，在北人长时期的“耳濡目染”下，至南宋时，锦绣装饰已几同昔日北方甚有过之。对此后人沈士龙在“东京梦华录序”中说道：“曾见武林（指杭州）和汴士庶家建筑修饰如出一辙，心窃怪之，比读《东京梦华录》所载，乃悟皆南渡风尚所渐也。”虽然江南缺少实物遗存，但从宋朝建造的河南白沙墓室的彩画上，可以看到锦绣装饰风靡之一斑。

社会经济之富足，扩大了封建上层阶级的消费欲望，南宋时，整个江南地区，“缣绮之类，不下齐鲁”，及至南宋后期，奢侈习气，笼罩社会，锦绣装饰自不待言。“深坊小巷，绣额珠帘，巧制新装，竞夸华丽”（吴自牧《梦粱录》）。

至此，锦绣装饰艺术在江南不但流行普及且根深蒂固，它相当程度地反映了上层社会及一般市民的生活喜好和审美情趣，受到封建社会群众心理习惯的滋养，具有相对的稳定性，从而成为江南包袱彩画形成之先声。

四、名不同风
实亦同俗

图4-1 ［宋］《李明仲营造法式》织锦纹三种
三种织锦纹自上而下依次为：方环；罗地龟文；六出龟文。（图片来源：《李明仲营造法式》，中华民国十八年十月印行）

图4-2 ［宋］《李明仲营造法式》织锦纹又三种/对面页
另三种织锦纹自上而下依次为：交脚龟文；四出；六出。(图片来源：《李明仲营造法式》，中华民国十八年十月印行）

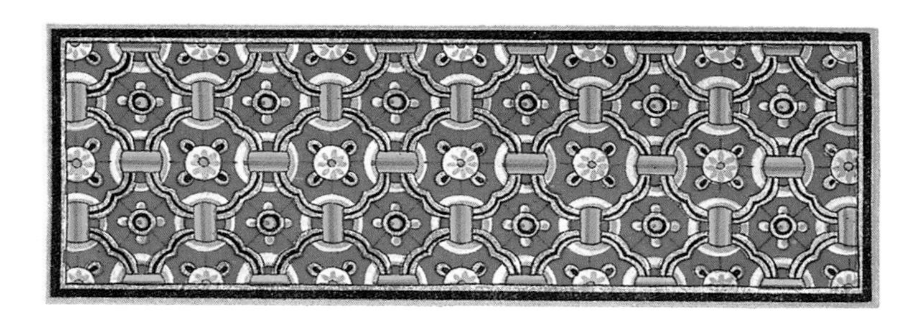

在建筑艺术的发展史上，总存在这样的现象和特征：即它很敏锐地反映着社会的经济、思想、文化潮流，它总是适应它所附丽的材料、结构等技术条件，但自身也有突变的过程。

和江南包袱彩画密切相关的锦绣装饰艺术，发展至宋代，遂产生一深刻的变化，滥用锦绣装饰导致的铺张和奢侈，在这个时代遭禁止，并出现符号化的转变过程。

首先是在北方。汉以后唐宋以来一直盛行的锦绣装饰已渐衰落。在宋初，如大中祥符元年（1008年）建造的玉清昭应宫，虽仍然以“文缯裹梁，金饰木”（李攸《宋朝事实》），但至仁宗景祐三年（1036年）“诏禁凡帐幔、缴壁（即壁衣）、承尘（天花板）、柱衣、额道，毋得用纯锦遍绣”。熙宁元年（1068年）又有“禁销金服饰”等敕令，故而在熙宁中开始编写的建筑专用规范《营造法式》，不提锦绣装饰，却以摹绘代之。

随后是在南方。虽然由于经济南盛北衰，政权南移，风俗南传，带来锦绣装饰于南宋达至鼎盛，但是至南宋末年遭到禁止。南宋嘉定十年（1217年），大臣上书宁宗，此载于《宋会要稿》“刑法”之二：“今都城内外，多建大第，杰栋崇梁，轮奂相高。至于释老之宫，峻殿邃阁，僭拟莫状，此土木奢僭之弊也。陛下亦尝降御笔，销金铺翠，不许复用。令有司检照命令，申饬中外，务在必行……”这种出于严明当时社会风气的需要，也出于强化等级制度的要求，对锦绣装饰等铺张行为的禁止，和北方北宋出现的“禁制”道理如出一辙，只是由于文化、艺术的传播有一过程，故江南禁制的滞后也一百五十年有余。

搜罗典籍，江南此后不复有锦绣装饰的记载。从实物考察，明代的包袱彩画已很成熟。可以推论，江南包袱彩画的形成最早可上推至南宋末，至明代已很完善。

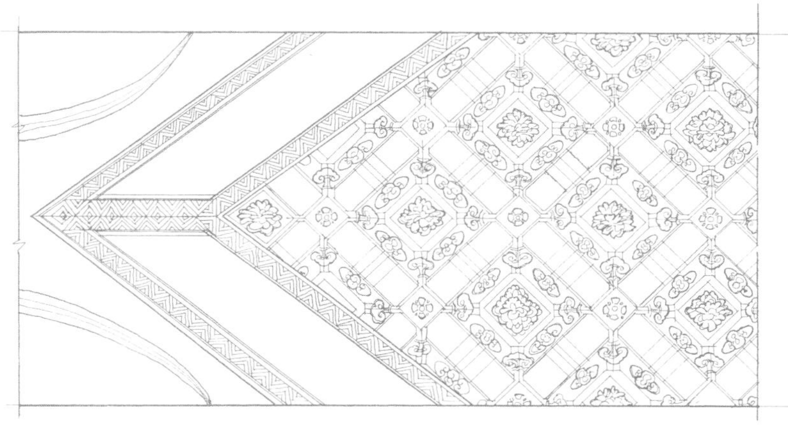

图4-3 安徽歙县呈坎宝纶阁彩画

包袱彩画以精细的边饰、织锦纹样和大朵的花卉配合月梁的“月牙”弧线刻纹形成，展现出一幅别有韵致的梁上画面。

上：大室明间四椽栿包袱（底面）

中：额枋箍头彩画

下：小室次间金檩彩画（侧面）

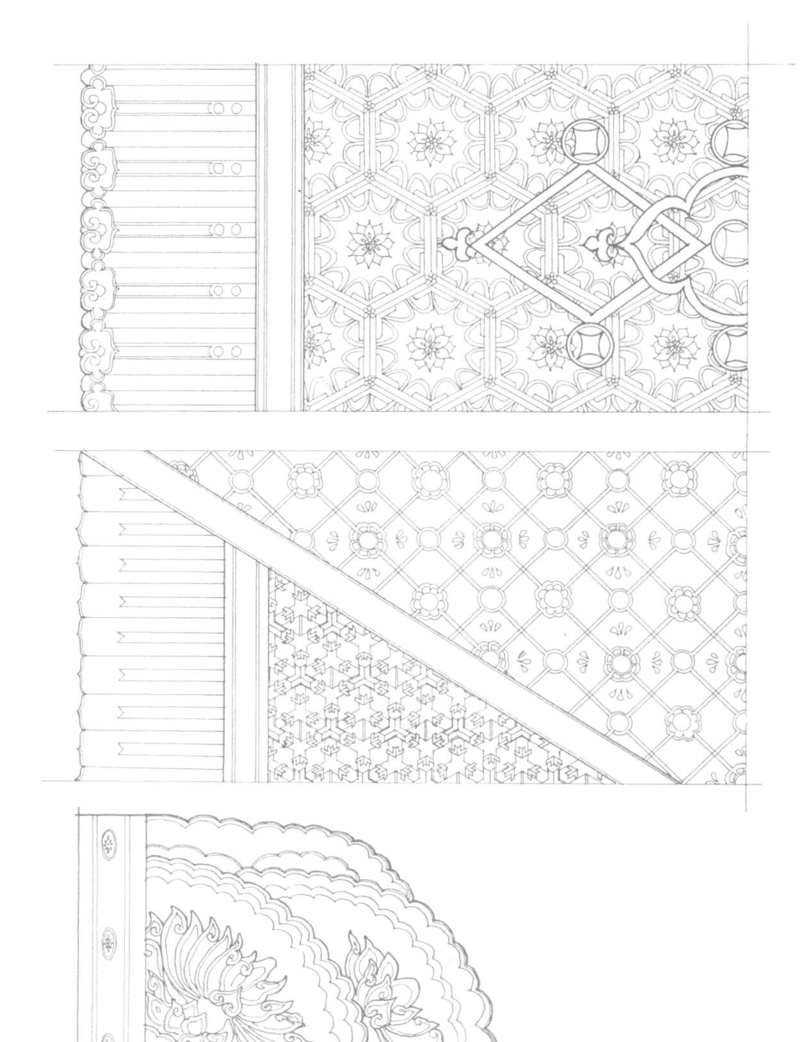

图4-4 江苏苏州东山凝德堂彩画

包袱彩画边饰犹如瓔珞，织锦纹样展现出纺织品的风格，而三架梁上的构图则在一个细密的织锦包袱上叠合一下搭的包袱，依稀可见层层叠叠锦绣包裹建筑构件的做法。

上：次间脊檩包袱（底面）

中：明间三架梁包袱（侧面）

下：明间脊檩箍头

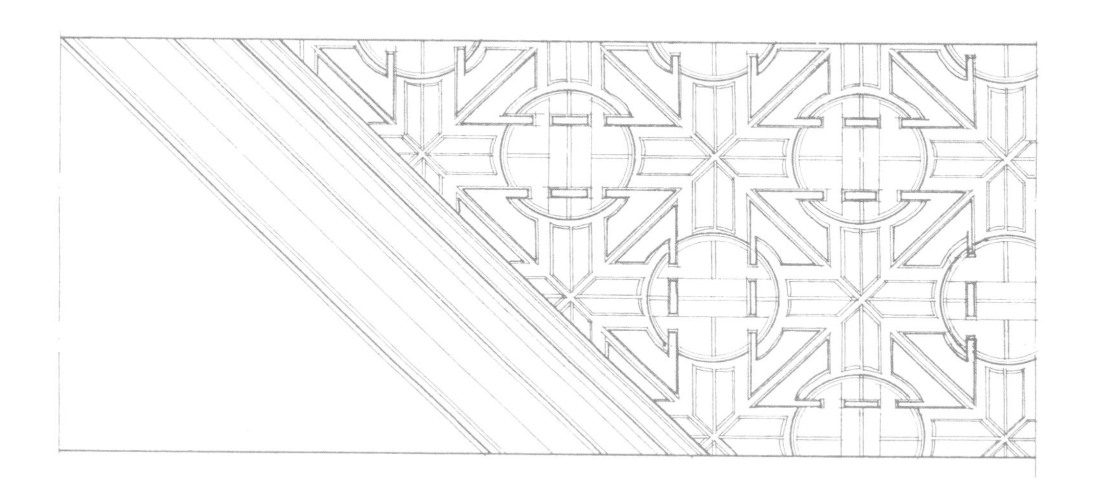

图4-5 江苏如皋定慧禅寺大殿彩画

包袱彩画规矩齐整，梁柱交接处箍头彩画云蒸霞蔚，大朵的花瓣翻卷如云，流畅如水，烘托出包袱彩画的几何织锦纹样。

上：次间五架梁包袱（侧面）

下：明间五架梁箍头

当我们比较一下江南包袱彩画和《营造法式》中记载的锦纹的差别，就会发现，包袱彩画更具包裹的形式特征：独特的包袱图案、璎珞边饰、几何形锦纹。

可以认为，锦绣装饰艺术为包袱彩画之前身，当确无疑。往深一层讲，从锦绣装饰到江南包袱彩画，是一符号化的过程。其本质上是为了满足人们的习惯心理、视觉经验及审美观念。它以一种平面图案作为象征媒介，表达昔日的建筑方言、追求华美气氛的空间意义。用人类学家辛格尔顿（Michael Singleton）的话说：“即把大家都承认的象征性的系统加在一个持续变迁的世界上，这就是文化的模式”（《应用人类学》）。

五、织锦规整 写生吉祥

江南明代建筑中留存的包袱彩画丰富多彩。它们各以独特的图案、清雅的色彩、讲究的构图，形成一幅幅画面，烘托出或祠堂庄严，或寺庙神秘，或住宅温馨，或亭榭玲珑的建筑空间气氛。

图案是构成包袱彩画的要素之一。明代江南包袱彩画图案，以织锦纹和写生题材为主，大致经历两个阶段。

第一阶段：洪武—正德年间（1368—1506年）。

明代是汉族驱逐蒙古贵族统治之后重建起来的封建政权，传统文化在被异族统治了近百年后又得到振兴光大，特别在明前期，恢复唐

图5-1 江苏苏州东山凝德堂大梁底部彩画
八个如意花瓣环绕团花对称排列，形成一朵花。以此为中心，出四方连续团花，构成一布局规整、疏密均匀、落落大方的包袱彩画图案。

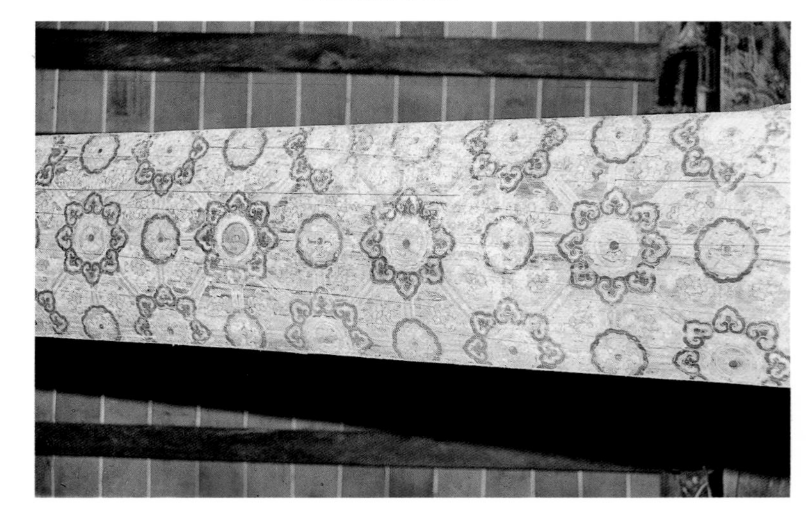

图5-2 江苏苏州东山凝德堂彩画

花心用如意纹，花瓣用凤翅，这是明代早期的花卉特色。它既不同于明代后期的写实花纹，也不同于清代旋涡作为花瓣的过于单一，颇具花卉的艺术表现力，花瓣层叠而不繁缛，花心醒目简约而不失风采。

图5-3 安徽屯溪程梦州宅楼层的梁架彩画
彩画细腻而精致，包袱边饰绘以小朵菊花，枝叶细笔勾勒，袅袅萦绕左右，自下上裹的包袱彩画以菊花为母题成四方连续构图形成图案。

宋汉族文化的思想贯穿在许多制度中。建筑形制、彩画图案的题材，均受严格的等级制度影响。在江南民居彩画图案中，不许用龙纹、凤纹，采用几何纹较多，主要以宋《营造法式》几何纹为母题，部分和团花结合形成复合几何花纹图案，规整而严密。几何花纹结构形式的好处是匠人稍加变动，纹样便层出不穷。可以是纯几何纹，也可以是几何纹与团花、“卍”字结合，或以花卉为中心，周以几何纹样。更重要的是这些图案画在建筑上，仿佛用“复古”、“怀旧”文了身，建筑从构架到装饰都变得严肃庄重起来。

江苏苏州东山凝德堂梁架共有61幅彩画，大多图案规矩，勾勒细致，有方环、龟纹，花卉是一种宝相花图案，有一层至三层花瓣的多种变化。

安徽屯溪程梦州宅，建筑梁架上绘有多种几何花纹，包袱边纹样简单但用笔细腻，有些建筑构件上雕刻、描金，制作精细，是明早期包袱彩画的代表。

第二阶段：嘉靖—崇祯年间（1507—1628年）。

随着明初社会循礼、俭约、拘谨民风的深入，带来明朝财富积累增加、经济繁荣，但同时富裕也逐渐产生奢侈之风。尤其在明嘉靖至万历年间，资本主义萌芽出现并局限于江南一隅，这就使得江南一带再度出现繁荣兴盛的局面，于是应运而生了关注于现实世界的文化运动，体现出一种“世俗化”的倾向，市民文学兴起，如喜闻乐见的《西游记》，还有流传甚广的《金瓶梅》。同时，越礼逾制的思潮汹涌，对钦定礼制进行反叛，反映在彩画图案上，也有较大变化。如高贵的龙纹本是人君至尊的象征，明初有一位叫廖永忠的，曾因僭用而被处死，但到明末，团龙、立龙却已在民间生活中普遍应用。又如练鹊本是明朝礼律士大夫礼服上的装饰，表示着士大夫的地位，后因受百姓欢迎，最终被视为吉祥的象征，成为江南彩画中的重要题材。

在住宅中，运用更为普遍的是“笔锭胜”—— 一支代表文人气的毛笔、一个代表富贵的金锭和一枚代表吉祥的方胜组合起来的图案，同时谐音“必定胜”，意寓着对仕途的信心。在江苏苏州一带常见的有“古钱胜”、“套接方胜”、“缠枝方胜”、“蝴蝶方胜”等。

图5-4 《金瓶梅》插图中的“本衙绸缎”

《金瓶梅》是我国明末产生的一部有名的小说。此图“西门庆官作生涯”，是官商合一身的西门大官人生财的秘密的揭示。这部通俗小说及图中“本衙绸缎”，也形象地说明明末官僚资本的发展。（图片来源：《新刻绣像批评金瓶梅》一百回）

图5-5 江苏常熟彩衣堂“古钱胜”彩画/上图

四古钱中以方胜套接，既具形式感，又赋予了富贵之意，主要图案的贴金更增加表现力。

图5-6 江苏苏州东山翁巷亲仁堂“笔锭胜”彩画/下图

图案为三方胜套接，端以“锭”，中为“笔、锭”。大方胜中还有四处小方胜套接，韵律感强，意义也由此强化和突出。

图5-7 江苏苏州倪宅“套接方胜”彩画/上图

古钱位于“胜”的端部，三套胜描金。整个包袱彩画为八角龟背纹，交接处呈“卍”字图案，均为吉祥之意。

图5-8 江苏东山翁巷乐志堂“蝴蝶方胜”彩画/下图

每个胜的端部、中心及胜的每边中间均有如意纹样，如意纹卷曲缠绵，和方胜组合一起，如同蝴蝶振翼，在每方胜端部的如意纹中藏着一枚古钱，在三胜中心有一元宝，极富意趣。

图5-9 江苏常熟彩衣堂轩部彩画

轩部小月梁上，绘以梅花，书以喜字，“梅”谐音“眉”，意寓“喜上眉梢”。这种吉祥图案不仅在彩衣堂彩画中有多种表现，而且也是当时一种世俗人情的具体写照。

图5-10 江苏常熟彩衣堂包袱锦上堆塑狮子（章忠民 摄）
精制的包袱锦上堆塑狮子，具立体感，生动而活泼，包袱边饰绘有龙纹；而在三蝠云板中则雕有仙鹤，是典型的明晚期图案特征，纲纪松弛却祥和繁荣尽显其中。

写生花草鸟兽及吉祥图案在明末更为盛行，江苏常熟有一座彩衣堂，彩画属明末所作，梁上图案有：喜上眉梢、鹤鹿同春、麒麟松枝等，更有包袱锦上堆塑狮子和板上雕刻仙鹤，活泼有立体感，栩栩如生。它和明代早期包袱彩画图案相比，更具有一种人情风貌。

六、山清水秀 淡雅粉妆

色彩是彩画要素之二。

进入江南包袱彩画的世界，一个突出的感受，即雅致。

江南素有山清水秀之称，相应的建筑多数造型纤丽，大木架上常使用黑色退光漆或棕褐色柱子，周以白墙，盖以灰瓦。彩画是附属于建筑的，配色上与之协调，色相和纯度上以淡雅为逸格，遂成自然。

安徽休宁枕东乡吴省初宅，底层作为厅堂，在天花和梁上绘有彩画，为取得明亮效果，将木地漆成灰白色，其上再绘有细致而整齐的木纹，一个个由花朵与花叶组成的团科，

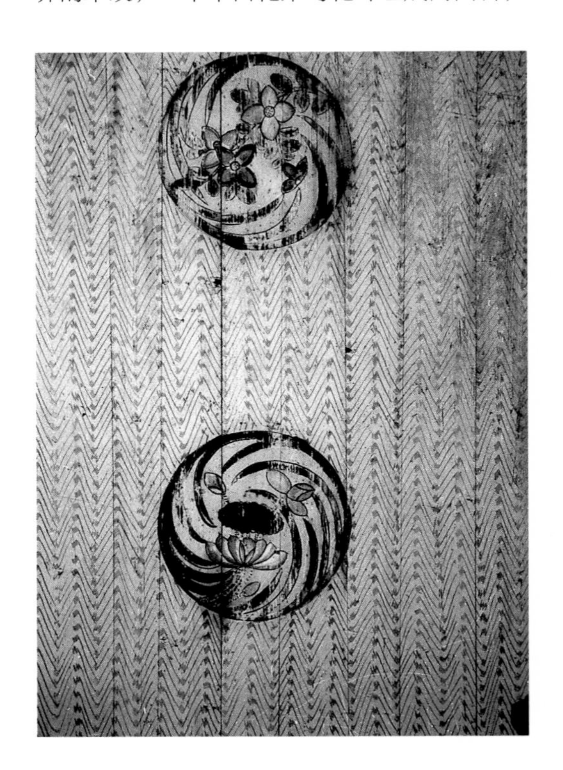

图6-1 安徽休宁枕东乡吴省初宅天花彩画

该彩画清丽绝俗，木纹细密雅致如水，淡抹的花卉与旋转的茎叶形成有动感的团科，如一朵朵飘撒在轻柔水面的有情落花。

图6-2 安徽休宁枕东乡吴省初宅底层梁架彩画
承托天花及楼板的梁用包袱锦装饰起来。红、蓝色组成的图案与天花上团窠中的花卉色彩相一致，而包袱中的白色方格则和天花的基调相协调。吴省初宅这幅柔美而亮堂的室内彩画品位很高。

疏落而有规律地平均分布在天花板上，团科的细部处理，每个都不雷同，设色清丽绝俗。方形梁枋绘有包袱彩画，边部是黑地上绘白色花若干朵，包袱中心绘有锦纹，红蓝相间形成方格，十分典雅。

进入休宁临溪乡中村的另一户吴景文宅，只见楼层梁上包袱锦和檐檩包袱均用描金，细笔勾勒，色彩为蓝、绿、白、黑，间以红色，一派安宁、素淡的生活气息。

图6-3 浙江宁波天一阁室内彩画（朱家宝 摄）
从浙江宁波天一阁向外看，山石隽秀，树木葱茏，室内彩画的素雅和飘逸，与之浑然一体。这是江南彩画的品质，也是环境使然。

浙江宁波天一阁藏书楼，是明代文人范钦择址建造的。原位于月湖深处芙蓉洲上，阁前开凿“天一池”，池水与月湖相潜通，永不枯竭，既

图6-4 江苏常熟彩衣堂彩画系上五彩（章忠民 摄）
这是在月梁端部和柱交接处的彩画，勾勒细致，色彩素雅，用金独到。它和梁的木表色调十分协调，构图也特别精致。

可防火，也创造了一优美的环境。藏书楼底层为取宽敞亮堂，在天花和梁枋上施浅色图案，以几何纹样为主，梁枋上的凤鹤增加了活泼和轻快，也带动几许视觉上的趣味。整个彩画的明快格调与阁前碧盈盈的山水树木融为一境。

在苏州一带，彩画的等级规定，既不同于宋代的用色原则，也不同于清代官式建筑取决用金的多寡，而是以线条的做法分为三等：上五彩（沥粉后补金线）、中五彩（拉白粉线，使线条微凸）、下五彩（仅以黑线拉边）。但无论何等级，均多采用复色和黑、白、灰，在温和的木表上直接施画，这也促成了江南彩画色彩风格上的柔和和素朴。

彩画作为建筑的一种装饰和创造室内外空间气氛的必不可少的组成部分，它也和住屋主人的审美情趣及彩画的匠人素养密切相连。明代江南文人辈出，浙、皖、吴画派幽雅轻逸，尤以吴派笔意高雅、墨气秀润、萧疏耸秀、超然出尘、风流蕴藉、独步一代，这必然影响到同时代文人及匠人作彩画的审美情趣和风格。

如果我们把明代的南、北方彩画色彩进行对比，就会发现：北方彩画色相单纯，对比强烈，明度较低；而江南彩画复色偏多，色调柔和，明度较高。这种差异犹如北人轮廓分明和朴素爽朗，而江南人纤细温婉却秀在其中一样。

图6-5 江苏苏州西山徐家祠堂彩画系下五彩

边线及中心图案勾以黑色，整个包袱彩画基调为灰性色，图案仅红、褐、白三色，亦淡雅素朴，但因有了红色，整个彩画则有了趣味。

七、方圆并施巧饰衣装

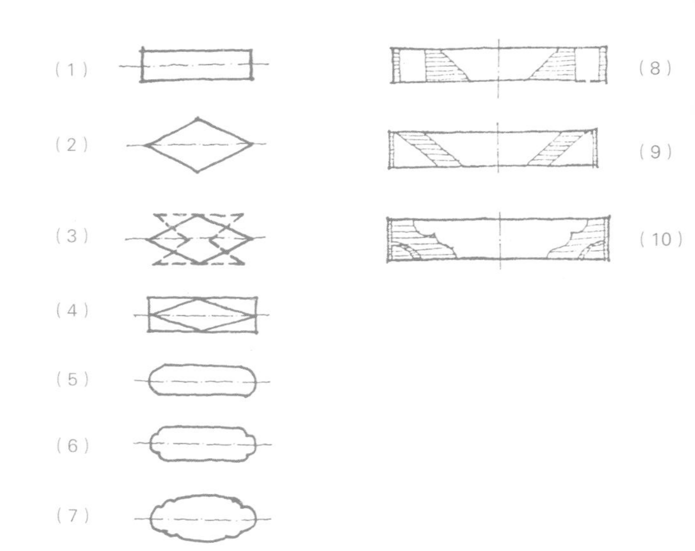

图7-1 江南包袱彩画构图
(1)矩形；(2)菱形(上裹或下搭)；(3)复合形(菱形复合)；(4)复合形(矩形和菱形复合)；(5)圆头矩形；(6)如意头矩形；(7)海棠头椭圆形(又称“烟云包袱”)(后三种在清代多见)；(8)方形包袱锦箍头；(9)菱形上裹包袱锦箍头；(10)花纹或雕刻纹箍头。

构图是彩画要素之三，且十分重要。一方面，构图受建筑构件形式与材料的制约；另一方面，完善的构图，能够导向建筑空间和谐的发展。

江南包袱彩画的构图特点是包袱锦形式，位于建筑构件中心的部位我们称枋心，近端头的称为箍头。枋心包袱锦展开，犹如一块块“巾”，有矩形的，有菱形的，有矩形带圆头、带海棠头、带如意头的，也有菱形叠加，或者矩形和菱形叠加的。箍头展开有包袱形的，也有以花纹样式出现的，还有以雕刻形式增色的。

它所在建筑中的分配关系怎样呢?

从平面展开看，以中轴线为左右对称，轴线上的等级最高。通常明间(中心线上的建筑

图7-2 江苏常熟彩衣堂明间檩条上的彩画用复合形在矩形的包袱上覆以上裹菱形包袱，图案用龙纹，这与中国传统房屋强化中心、突出轴线的布局原则是相一致的。

图7-3 江苏常熟彩衣堂次间檩条上的彩画用上裹菱形包袱
该彩画轮廓突出，除彩画外为木表外露，可见此彩画纯为装饰和美化，亦起等级划分作用。

开间）檩条、梁、枋彩画的画面大，色彩丰富，图案等级高；次间（明间左右的开间）和梢间（次间边的开间）依次递减。在构图上，根据枋心包袱锦的展开面，等级依次为复合形、矩形、菱形或其他变体形式。

在空间高度上，脊檩为最，通常明间脊檩为复合形，其他檩条为矩形。在次间，即便是脊檩，也很少出现复合形。对于梁架，则从下而上依次简单，人视线所及最近处的梁上彩画最复杂，往上次之。

这种依建筑构架进行整体设计的彩画构图，表现出古人在室内设计方面重视人的视觉和心理感受的技巧。“择中”为中国传统建筑设计的重要概念，也带来彩画构图的主次差别。

图7-4 安徽歙县呈坎宝纶阁的檩条彩画构图

这是安徽歙县呈坎宝纶阁的檩条彩画，也是檩条中的特殊例子，即檩粗大如梁，包袱鲜明，端部月牙刻纹和包袱边走向一致，协调合理；箍头彩画系独立图案，和枋心包袱分明截然。

其次，不同的建筑构件有相异的彩画构图：

檩条——枋心包袱通常占檩条长之1／2或1／3、箍头图案也较长，但枋心包袱锦和箍头彩画不相接，明晰简明。

梁——通常上下梁一起考虑，上面短梁只有箍头或只有包袱彩画，下面的梁与人视距近，展开面大，重点装饰，用复合形包袱锦，或用上裹菱形包袱，常和上方短梁的下搭包袱，形成一整体。

枋——构件长、面窄，用二方连续图案或满铺的形式较多，起烘托作用。

柱头——为突出梁枋的包袱锦样式，柱头上一般采用简洁的四方连续图案或花草。如蔓草、菊花朵、米字格、龟纹、松木纹等。

人们视域的定向是由建筑主轴确定的。在具体建筑构件上，彩画的任何一个小单位图案的定向，又基本由画面的主轴来决定，这个主轴就是彩画的轮廓——包袱形状。江南建筑室内气氛的完整营造，表现在彩画上，往往就是图案、色彩在檩、梁构图突出和枋、柱彩画的陪衬下，经由构架间的整体组合形成。繁华烟云也好，典雅风情也罢，莫不如此。这正应验了："都说是风云际会，原来是物换星移。"

图7-5 江苏苏州东山镇凝德堂明间梁架彩画构图

上、下梁均用复合形，但上面的梁于矩形包袱上，下搭一包袱锦；下面的梁则于矩形包袱上，上裹一包袱锦，从而整个梁架彩画构图完整紧凑，首尾呼应。

八、宗法祠堂 庄严富丽

每种类型的建筑都有其个性，而作为以木构为主的中国古建筑，其个性之表现又往往和建筑装饰、色彩、陈设等密切相关，彩画则是赋予建筑以个性的一种手段。

在皖南有一个古老的山村，曰“呈坎”。唐朝末年，江西南昌府豫章柏林罗氏秋隐公与堂弟文昌公，因避巢兵乱辗转至呈坎，看中了呈坎山环水绕，可开百世不迁之族的土地，定居于此，开始了“江南第一村”的历史。

罗氏家族自宋至清，是“洪州望族”、“歙之名家”。家族的兴旺激发起人们对祖先的敬仰，纷纷建祠，有总祠和支祠几十处。至今保存最好的当数明代祠堂罗东舒祠。而东舒祠宝纶阁的彩画又为祠堂彩画之代表。

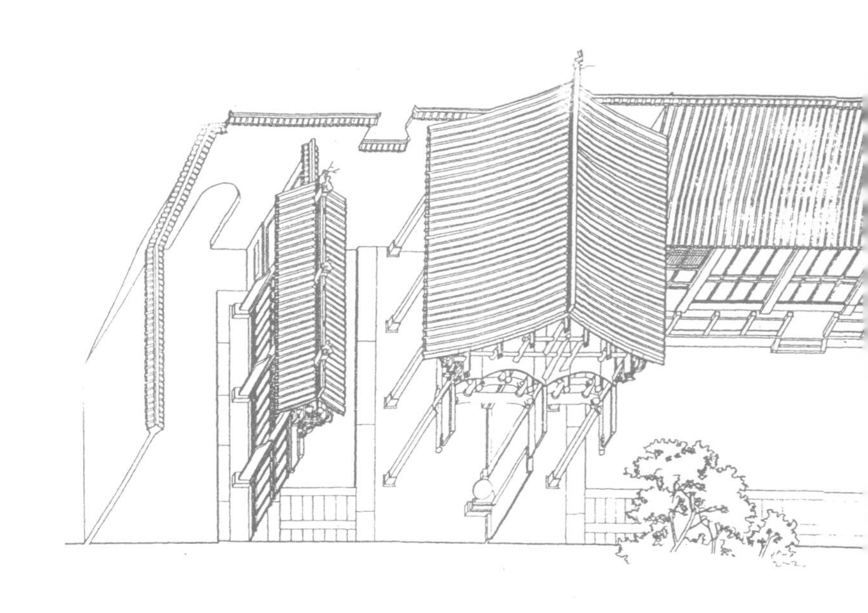

图8-1 安徽歙县呈坎宝纶阁测绘图

至今保存尚好的罗东舒祠是呈坎祠堂曾经兴盛的缩影。东舒祠的宝纶阁，系储藏恩纶之所，位于祠堂轴线的端部，高敞宽阔，用料大，彩画丰富。经彩画装饰过的宝纶阁，更显罗氏“洪州望族”、“歙之名家”的地位和声望。（测绘：李欣恺、高芸、徐春宁，指导教师：朱光亚、陈薇，1994年）

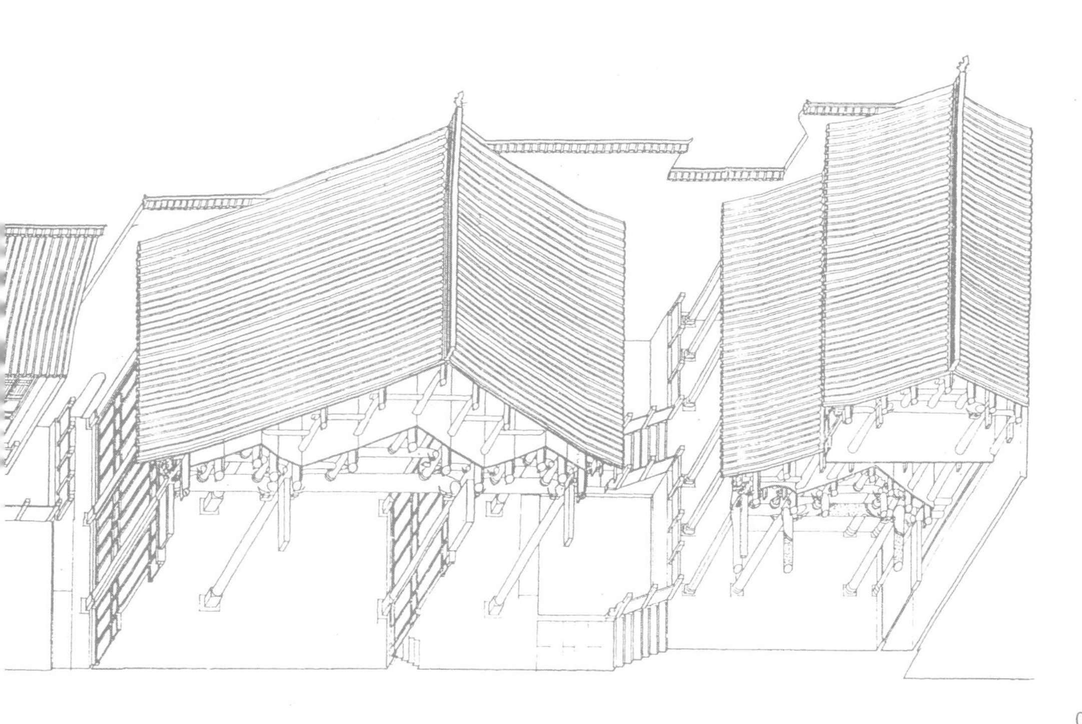

图8-2 安徽歙县呈坎宝纶阁梁架彩画色彩

檩条和梁上均用包袱彩画，从这里可以看到檩条包袱边饰用深褐色，而梁上包袱边饰用红色，图案均为锦纹，但不尽相同。在上裹的包袱边饰和箍头之间，均雕刻月牙纹，在栱、箍头和包袱彩画之间，形成既具呼应彩画又具月梁端部构造特点的形式。

穿过牌楼门、门屋、桂花飘香的院落和大堂，一座庄严而开阔的建筑进入眼帘，这就是宝纶阁。阁二层，楼上为储藏之所，楼下气宇轩昂，建筑构件粗大有力，是彩画的主景面。这座建筑共十一开间，和他处建筑不同，这十一开间共分成中部、东部、西部三室。彩画主景面为梁架和檩条，中部以中轴线左右对称，东西部又各以中轴线左右对称，包袱彩画图案千变万化，却十分有序。

图案从总的布局看，极尽工巧又周密慎重，檩条和梁上图案绝不相同又相互呼应。

祠堂是维持礼教尊严的所在地，气氛创造应是庄严、肃穆；另一方面，祠堂又为光宗耀祖的场所，重视表现该族的富有、地位及封诰，需要表达出一种明朗、开阔和富丽堂皇。宝纶阁彩画是怎样创造祠堂的这两重性格的呢？

图8-3 安徽歙县呈坎宝纶阁梁底设色特点
这是宝纶阁另一梁底所见包袱彩画，锦纹布局疏朗但用笔精细，设色淡雅脱俗。由于呈坎宝纶阁建筑用料大，彩画展示面也舒展清晰，形成一幅幅画面。

图8-4 安徽歙县呈坎宝纶阁彩画用色鲜明/后页
包袱锦内重点花纹突出，锦底与之对比。但除包袱彩画外，大片的木表饰土黄色，椽子也设土黄色，故彩画统一在室内整体环境气氛之中。

身临其境，可以感受到张力的作用。宝纶阁彩画不同于淡抹素妆那样纯粹，也非高深莫测拒人千里。它通过深、淡色的对比，冷、暖色的对比来获得一种庄严感，淡黄色的木地与深色的包袱和箍头相互衬托，图像中种种的用色仅深淡两色对比不用晕，形成一种鲜明的效果。而包袱彩画又不满铺构件，在或包袱或箍头彩画以外的，为占据色彩比例最大的土黄色木表地，因为阁的进深不大，从而呈现出一种温暖明快感。再看那雕花的许多小构件，似朵云、似花瓶，又用红、白、黑三色涂饰，精心刻镂，高贵感便款款流露。

图8-5 安徽歙县呈坎宝纶阁小构件彩画

在屋脊中心檩条两边的斜向构件叫“叉手”。在屋架中起支承、垫托作用的木墩叫“驼峰”。这里的叉手雕刻成大卷云纹，这里的驼峰做成荷叶墩式。这些小构件底以红色，纹以黑色，边以白色，十分生动。

图8-6　安徽歙县呈坎宝纶阁轩部的小构件雕镌协同彩画进行表达

该处曲线优美，刻镂生动。短柱形似花瓶端坐在荷叶墩上，梁下的雀替镂空云纹，劄牵顺应弧形轩成弯曲状，中间成“蝠云”，为吉祥图案。

在这座祠堂里，曾演绎过许多故事。古时族人相聚，祭祀祖先；1949年后则作为乡村小学，不废诵读；近年又作为电影外景地，展开一幕幕家族的明争暗斗……然而，人们迈入这座祠堂，都会慑服于它的肃穆，又不自觉地进入大家族般的高贵。这无不得益于彩画的作用。

九、拜佛寺庙　神秘浓郁

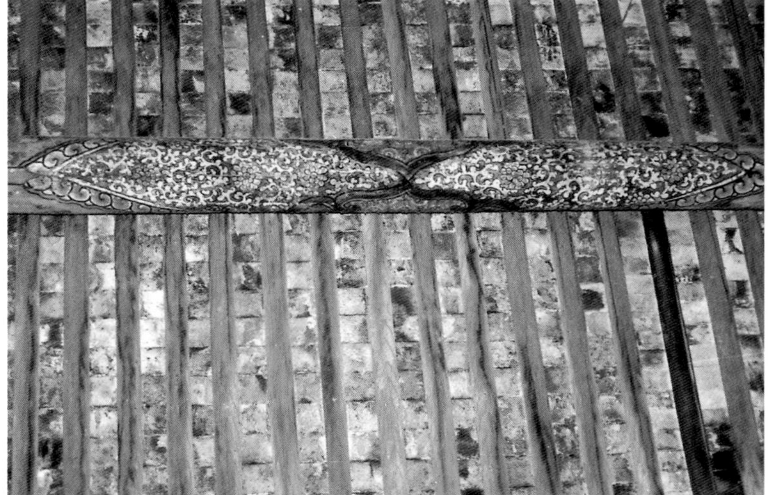

图9-1 江苏扬州西方寺大殿梁架彩画系“满堂彩”/上图

“满堂彩”即满铺彩画。梁之中心为包袱彩画，边饰清晰醒目；枋之中心为龟文锦地，底为两方连续图案。有了这些彩画，赋予了大殿活力和性情。

图9-2 江苏扬州西方寺大殿檩条彩画为复合包袱锦/下图

在上裹的包袱中心复合一下搭包袱，从下观之，下搭包袱首尾相接，又将上裹之包袱划分为两部分，趣味盎然。

图9-3 江苏扬州西方寺大殿枋底二方连续图案

图案用缠枝纹样，梁上及柱头散落菊花之间用缠枝卷草环绕和联系，延绵不断，意味深长。

参观许多重修或重建的庙宇，迎面而来的往往是一片目不暇接的粉红骇绿，夸张的龙凤或庸俗的图案令人如同置身于市集之中。其实，魏晋以来，庙宇建筑雕梁画栋、着色绘画有一套准则，在江南佛寺中均有传承和表现。

《洛阳伽蓝记》中记载北魏熙平元年（516年）胡灵太后所建的洛阳永宁寺“雕梁粉壁，青璅绮疏”，是一种格调高雅的装饰手法，也开创了佛寺彩画的一种风格。

江苏扬州城北有一条弯弯曲曲的驼岭巷，坐落一幢西方寺，始建于唐永徽元年（650年），明清修葺和重建。虽然现房宇封存关闭，灰尘多积，但进入西方寺大殿，即刻被满屋彩画所吸引。除檩条外，为满堂彩（所有构件上满铺彩画），彩画不分枋心、箍头，也不设边线。这种大面积的整体性彩画，色彩浓重，也许和建筑内部空间高大有关，但那沉着不俗的色彩，以红、黄、蓝三原色为主色间用黑、白中性色的做法，确实让人领略到一种宗教的神韵。柱头彩画偶有金色点缀，仿佛佛光的闪烁。

西方寺大殿的檩条上则是典型的包袱彩画。彩画的图案以花草和缠枝为主，尤以缠枝形式为多。这种缠枝由蔓生植物忍冬图案演变而来，作为佛教教义的象征，具有灵魂不灭、轮回永生的含义。西方寺大殿彩画中还有缠枝散地花、写生菊花，或几何纹与团花结合的图案，它们统一在整体的构图和色彩气氛中，散发出既纯净清明又浓郁绕梁的佛家气息。

江苏如皋的定慧禅寺，是一座坐南朝北、封闭超俗的净土，佛像下众生普度，大殿内香烟缭绕，顺着那飘浮的云烟，可以看到宽敞的大殿上众多色彩闪烁不定。这就是彩画给人的迷离感觉。大殿彩画主要采用红、绿两色，图案外棱用绿叠晕，浅色在外，内有红色叠晕，亦浅色在外，红绿对比色相间，刺激的效果令人神恍目眩。图案上，以象征佛意“纯洁”的莲花为主，辅以缠枝卷草和菊花。它们于红绿之间，和黯淡闪烁的香火相呼应，形成拜佛寺庙特有的环境氛围。

图9-4 江苏如皋定慧禅寺大殿彩画红绿色彩相间

其用色除包袱锦外，箍头、斗栱、枋、柱头亦作彩画；木表绘以松木纹，深色作底，浅色作纹。整个大殿彩画基调深邃而又迷离闪烁。

十、居家住宅 情趣盎然

在各类建筑中，住宅无疑占有最重要的地位。住宅在本质上是“家”的代名词，既要“安身”，延续生命，又要“立命”，是滋润家族生机的一股力量。这种精神和意义，自古至今始终存留。

这种人的生活意义和建筑空间奇妙的结合，使得住宅不止于供人憩息，而是将人性投射其中，千百年来表述着一种生命的理想和家族的荣耀。住宅彩画作为一种文化模式的符号，无疑透析着生活和生命的价值。

在江南厅堂里彩画是很普遍的。这种厅堂不是独立式的，通常与厢房联为一体，可称为堂屋。徽州明代早期的“一颗印”形式住宅和苏州东山称为“眠楼”的建筑，常有两层，底层较低，二层较高，作厅堂，进行彩饰；明代晚期则楼上作为卧室，楼下作厅堂，重点装饰。这种堂屋用来接待客人或作为全家团聚之用。彩画的共同特点，是作为一种符号代表房主的社会地位、意向和审美情趣。集中在苏州、东山一带的乐志堂、亲仁堂、熙庆堂、绍德堂、敦余堂等，都或在檩上，或在梁上绘“笔锭胜”，文化、地位、吉祥、愿望的意味均在其中。

图10-1 江苏常熟“彩衣堂”匾额与室内彩画形成的场景/对面页

“彩衣堂”匾额高悬大厅，室内彩画艺术高超、风格独特；室外近年已修整一新。原房主位至四品，彩画等级亦较高，和主人地位相符。

天
綵衣堂
繇世澤莫如為善
振家聲還是讀書

江苏常熟彩衣堂、东山凝德堂，还有坐落于东山白沙的怡芝堂，则从彩画的做法上，就能品评出主人的地位或趣味。

彩衣堂是常熟翁姓旧宅主轴线上的大厅，室内梁架上保存有完整的彩画。此宅原属明桑侃（秩五品），而后属严澂；严澂官邵武知府，且为权贵之子，位至四品，后又易属翁姓名下。彩画在太平天国期间重描过，但风格当属严氏归属时期。为了配合主人地位，彩画采用“上五彩”，金线沥粉，梁底面彩画贴金；额枋彩画图案为水仙花与海棠花心相间，并用青绿点金；檩条包袱锦上重点图案施金；梁架上方的蜀柱（短柱）两面施透雕云鹤三蝠云，也描金。这种局部描金的做法在大面积的典雅灰色调包袱彩画衬映下，显现出一种平和中的高贵、雅致中的雍容风华。

图10-2 江苏常熟彩衣堂梁底包袱彩画图案贴金
彩衣堂梁底用“方胜”相套贴金，十分醒目。

图10-3 江苏常熟彩衣堂檩条包袱彩画图案点金

彩衣堂檩条上包袱锦内花心点金，中心图案龙纹大面积用金装饰，和雅致的灰色锦纹形成对比。

图10-4 江苏常熟彩衣堂彩画描金（章忠民 摄）
彩衣堂梁架三蝠云中仙鹤描金，卷云之心亦用金，闪烁明亮。包袱边饰花纹描金，透出一种高贵与祥和。

坐落于太湖之滨、鱼米之乡的东山，有一座翁巷大宅，全宅原规模较大，依轴线排列有大门、二门、大厅、住楼，左右各有厢房和边楼，侧边有备弄，还附有花园、客厅、小楼等建筑，惜今仅存大门、二门和大厅三座建筑，但梁架均有彩画装饰。大门是一进深很大的门屋，梁架宽阔，重点绘彩处是檩条。脊檩和上金檩均用复合式包袱彩画，即两包袱重叠，是等级最高的包袱构图样式。脊檩上是米字形几何花纹的矩形包袱上叠合一上裹的菊花纹包袱，上金檩上是六出纹样的矩形包袱和团科菊花下搭包袱相加，但在做法上没描金，估计主人地位当次于彩衣堂的严氏。穿过二门进入大厅，只见满眼明亮和敞阔，梁架彩画均是复合式包袱，细锦花纹和大比例的几何菱形纹样相衬托，梁近柱处为活泼的纹样，或是通过花瓣有一到三层的变化，或是独脚云纹雕刻和梁的形式结合，十分协调。那素洁和淡雅的色调，配合图案形成一幅幅清秀的装饰画，不绘彩画

图10-5 江苏常熟彩衣堂彩画色彩古典高雅（章忠民 摄）/上图
彩衣堂彩画的色彩除朱红、藤黄、赭、紫及螺青和黑、白等色使用外，金的用量不在少数。金钱、金龙、金鹤、金云、点金花卉等，使彩衣堂室内熠熠生辉。

图10-6 江苏苏州东山凝德堂大厅山面梁架彩画和装饰/下图
月梁上刻独脚云纹，三蝠云立体雕刻，线条流畅，局部施彩，檩条端部和斗栱彩画均用色简单和素朴。

图10-7　江苏苏州东山凝德堂大厅梁架彩画

大厅梁架彩画，复合形的包袱彩画图案有对比，底细密，其上的下搭之包袱图案疏朗，从侧面转向梁底连续，是一幅栩栩如生的“锦绣装饰”包裹梁架的画面。

的木梁架均饰土黄色，绘上自然的松木纹，产生明亮和温暖的感觉，有一种温情脉脉充满生活的气氛盈怀。

同处太湖之滨的东山白沙怡芝堂，是一个貌不惊人的民宅，现主人是地道的农夫，原规模已不可考。现此建筑前后都有二步架的宽敞廊，檐下外侧还有彩画，实不多见。进入室内，空间不高但彩画风格简明、开朗、粗犷，是“下五彩”做法。大朵的宝相花，花瓣红、白相间，黑线勾勒，尤为突出的是敢于大胆使用大片红色。那下搭包袱锦仿佛一红头巾，所有椽子上均用红色绘松木纹，处处留有稚拙的、不纯熟的痕迹，颇有姹紫嫣红不让“阳春白雪”的味道，这或许是当时的主人对“下里巴人”情有独钟。现在住的农夫将家用小篮直接挂在木构梁架上，这种粗疏和不刻意，着实协调彩画形成平常人家气氛，不过这确实对彩画是一种破坏了。

图10-8 江苏苏州东山凝德堂大厅檩条彩画/上图
矩形包袱包裹，边饰呈缨络，款款有致，包袱锦纹上用金绘有“笔锭胜”图案，中间方胜变化成如意样式。整个色调温暖而清新。

图10-9 江苏苏州东山镇怡芝堂檩、枋彩画/下图
施色大胆，白色和红色大片采用，给人以醒目和开朗的感受，然花纹用笔细致，勾勒有韵，不纯熟但并不粗俗。

图10-10 江苏苏州东山怡芝堂次间梁架彩画与生活场景
在彩画遗存和现实的使用之间，可以感到民间建筑彩画旧迹之凋零和保护之急迫。

住宅彩画也是最反映地方风格的装饰艺术。苏南一带明代文人辈出，官宦养老闲居者多，彩画多有达官贵人标榜地位、仕途追念的意味。皖南山区当时经济、文化均很发达，商人又多是“儒商”，所谓“处者以学，行者以商”。经商为生存，治学为做人，他们的憩息之所追求的是安宁、素淡的文人气。至今在皖南民宅中仍见有这样的对联：“事有知足心常乐，人无所求品自高”，一股谦和的书卷气息，一种浓浓的墨香，令人不由浑然忘俗。彩画总是传递着一个地区或一种品质的文化，同时也配合房屋、陈设提升着“安身”和“立命”的精神意义。

十一、薪火相传 源远流长

江南包袱彩画在明代，展开了成熟而纷呈的图卷。浙江宁波天一阁东园，有一座拆迁来的明代嘉靖遗物“百鹅亭”。该亭本立于坟前用于祭祀，清明祭祖要杀一百只鹅来祭天、祭地、祭祖宗，这座石亭不但造型奇特，结构精巧，而且于枋上雕刻下搭三包袱锦，已改变包袱彩画裹梁包栋的内涵，纯为一种装饰。可以说，包袱彩画的样式已转化成为一种地域性的建筑艺术特征，在随后的清代及近代产生了重要的影响。

图11-1 浙江宁波天一阁“百鹅亭”的石雕彩画
这里的下搭包袱锦十分有趣。在明遗构“百鹅亭”的普拍枋（位于大额枋之上，用以承托斗栱的一层枋木）上雕琢，由于普拍枋下部呈弧形内收，故包袱端部之垂饰十分醒目地悬示着。每个包袱锦正对斗栱，仿佛斗栱传重给普拍枋之间的一块装饰包袱巾。

安徽采石飘逸高耸的太白门楼，在石作阑额上雕以包袱式样，却将原包袱裹在梁底的形式翻转至立面，可见包袱彩画变化之一斑。在苏州一带，清代包袱彩画图案更是丰富多彩，以苏州忠王府为代表，府内有梁枋彩画495方，以龙凤图案为主要特色。该忠王府曾为李秀成召开重要军政会议场所，彩画可算该时期艺术珍品。由于苏州采用包袱彩画十分盛行

图11-2 安徽马鞍山市采石公园李白纪念馆门楼石雕彩画

建筑构架为石构，在两柱之间的大额枋上雕有三包袱锦，中间锦内为装饰性门簪，两侧锦内雕以纹样。纯为仿木构件包袱锦装饰而成。所不同的是它将木构向上包裹的底面呈现在立面上，更具有一种符号的意味。

和突出，题材又生动丰富，有格高韵胜的松、梅、竹，也有谐音吉祥的杏、柿、百合，或是描绘人事景物，或者展现水木清华，从而成为一种典型的彩画形式，被称为"苏式彩画"。

或许是由于康熙、乾隆下江南对绮丽风景喜爱的缘故，或许是南方工匠北上的原因，苏式彩画在清代薪火相传，在北方的皇家园林建筑中应用甚多，北京故宫、北海琼华岛、中南海、颐和园均有建筑采用苏式彩画。尤其颐和园长廊，全长728米，共有273间，蜿蜒延伸于湖山之间，廊内彩画精美而千变万化，漫步廊中，目不暇接，自然光影、美景图画相融又变幻，令人流连忘返。

文化艺术的传播就是这样扑朔迷离，有偶然更有必然。源起于北方的锦绣包裹装饰艺术，随着社会的变化，政治、经济的重心转移，传入江南并深入民间，是所谓正向的“自上而下”的传播。而锦绣装饰转为包袱彩画，经历明代成熟的发展后，又于清代传入北方宫廷社会，这种“自下而上”的传播，表现出一种艺术与文化的逆向渗透，也是包袱彩画的艺术魅力所在。岁月沧桑，风来敲窗，雨来湿衫，包袱彩画在褪色，但它以简约的形象，展现着历史的生活画面和人文精神，散发着抑或“繁花似锦”，抑或“清幽如绣”的勃勃生机和芬芳。

图11-3 江苏苏州忠王府檩条彩画

中心为矩形包袱，箍头也为包袱彩画，图案以龙凤为主，色彩以黄、红为主色调，与深栗壳色油漆木表形成对比。

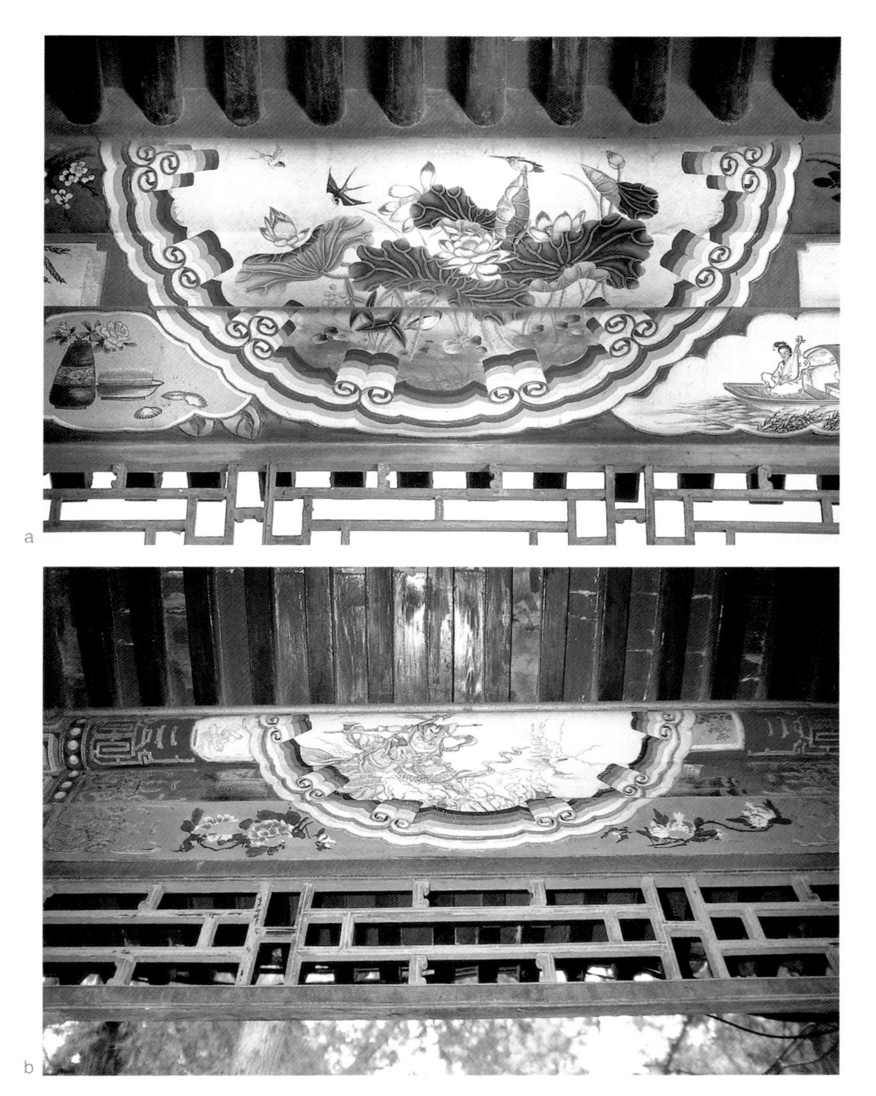

图11-4 北京颐和园知春亭"苏式彩画"（张振光 摄）
中心为烟云包袱，将檩、垫板、枋统一于一个画面，彩画的内容以写生题材为主，有人物、花鸟、山水等，和园林的气氛相呼应和协调。

a

草

b

图11-5a,b 北京颐和园长廊彩画（张振光 摄）/前页及本页
长廊彩画绚丽多彩，题材变化万端，长廊内包袱大小边饰却统一，从而既有韵律又层出无穷，这美丽的场景和周围的山水树木构成颐和园独具一格的画面。

江南重要包袱彩画建筑实录一览

建筑名称	朝代	公元纪年	建筑性质	建筑示意	彩画特色	地点
宝纶阁	明万历年间	约1573—1619年	祠堂	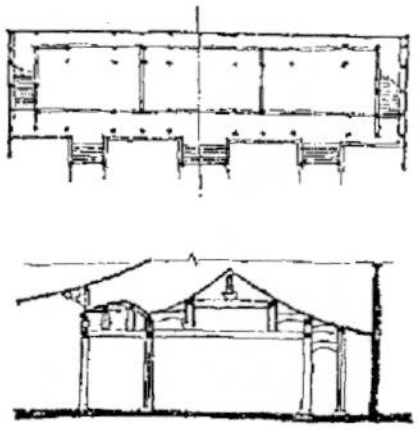	强调色彩深与淡、冷与暖的对比效果，不施彩绘部分绘黄色，雕刻精美	安徽徽州呈坎乡
西方寺大殿	明洪武年间	约1368—1398年	佛寺	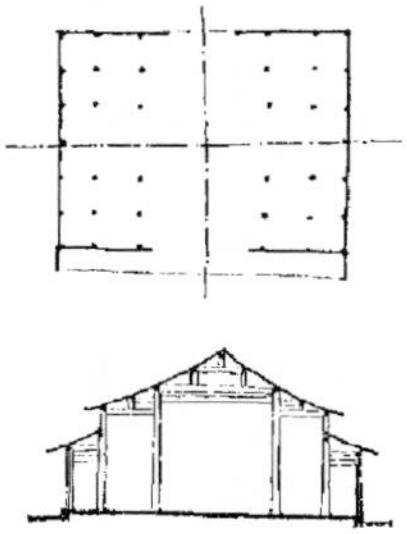	布局严谨，色彩以红、黄、蓝为主色，图案外拉黑线	江苏扬州驼岭巷
	清朝重修	约1616—1910年				
定慧禅寺大殿	明朝	约1368—1644年	佛寺	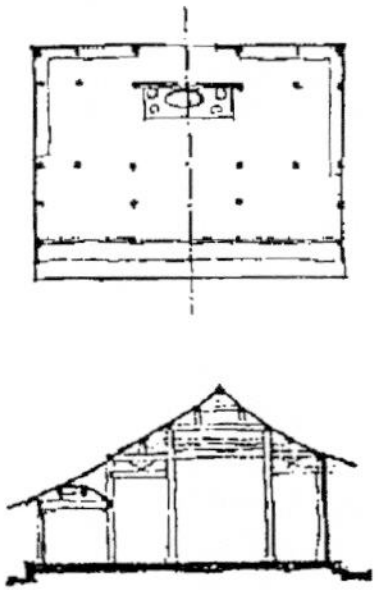	用笔精简，不绘图案部分施松木纹	江苏如皋县城内
彩衣堂	明万历年间 明朝中期	约1573—1619年	住宅	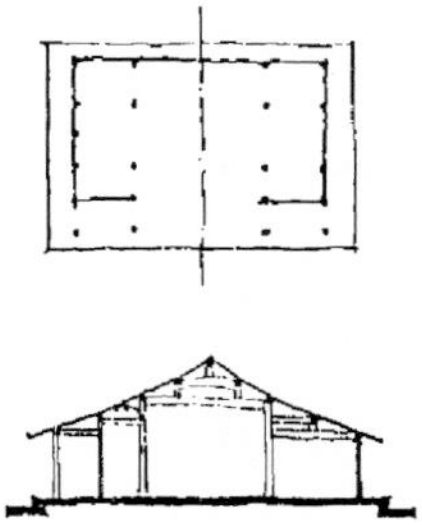	采用沥粉贴金，用笔细致。四椽栿堆塑狮子为太平天国时期重作	江苏常熟虞山镇

建筑名称	朝代	公元纪年	建筑性质	建筑示意	彩画特色	地点
凝德堂	明朝中期	约1465—1572年	住宅	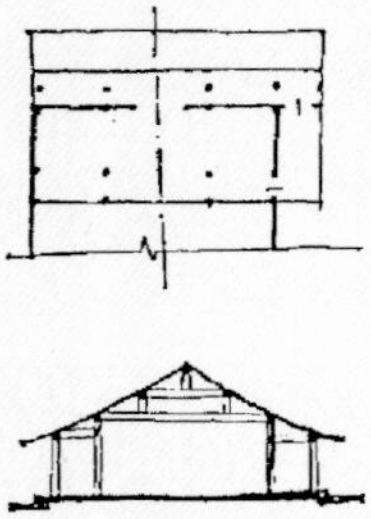	色彩淡雅，箍头用晕，图案黑线勾勒	江苏吴县东山翁巷
怡芝堂	明朝中期	约1465—1572年	住宅	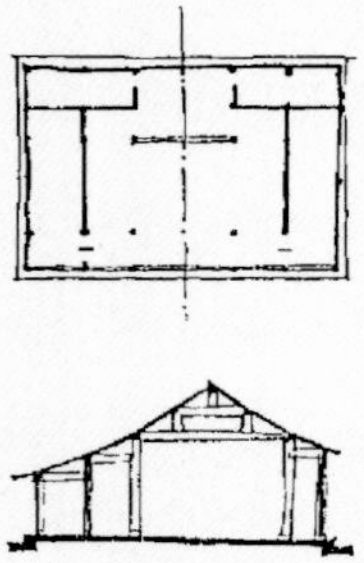	色彩鲜艳，大片红、白色形成对比，外勾黑线	江苏吴县东山白沙
程梦州宅	明隆庆年间	约1567—1572年	住宅	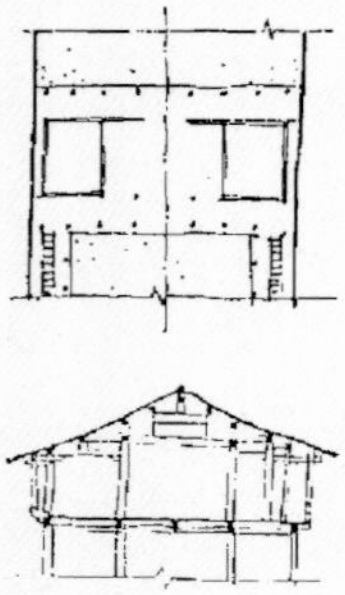	用笔细致流畅，色彩柔和，明晰清新	安徽屯溪柏树路
吴省初宅	明朝	约1368—1644年	住宅	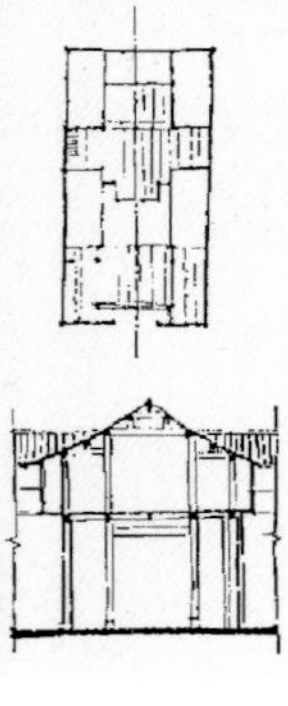	用笔细致，以冷色调为主，在白色底上作画	安徽休宁枧东乡

建筑名称	朝代	公元纪年	建筑性质	建筑示意	彩画特色	地点
百鹅亭	明嘉靖年间	约1522—1566年	亭		石雕，包袱构图位置独特，纯为装饰	浙江宁波天一阁东园
忠王府大殿	清太平天国时期	约1851—1864年	衙署		彩画以龙凤纹为主题，色彩鲜艳，绚烂夺目	江苏苏州娄门内

参考文献

1. 刘致平，中国建筑类型及结构［M］. 北京：中国建筑工业出版社，1987.

2. 何介钧，张维明，马王堆汉墓［M］. 北京：文物出版社，1982.

3.［汉］班固 撰.汉书［M］，卷九十三，佞幸传第六十三，北京：中华书局，1962.

4.［清］陈梦雷，古今图书集成［M］. 经济汇编考工典第七十八卷第宅部纪事一，董贤传，北京：中华书局，1934.

5.［汉］赵晔 著. 吴越春秋［M］. 卷第九，勾践阴谋外传. 南京：江苏古籍出版社，1986.

6.［清］陈梦雷. 古今图书集成［M］. 经济汇编考工典第七十八卷第宅部纪事一，霍光传. 北京：中华书局，1934.

7.［唐］李肇 撰. 唐国史补［M］. 卷下. 上海：上海古籍出版社，1979.

8.［宋］李觏 撰. 直讲李先生文集，卷十六，富国策第三. 见：宋集珍本丛刊［M］，第七册. 北京：线装书局，2004.

9.［宋］柳永，望海潮. 见：唐圭璋 编. 全宋词［M］. 北京：中华书局，1965.

10.［宋］范成大 撰. 吴郡志［M］. 卷三十一，宫观. 明代毛晋汲古阁校刻本.

11.［宋］吴自牧 撰. 梦粱录，卷一. 见：王云五 主编. 丛书集成［M］，史地类第3219册. 北京：商务印书馆，1939.

12.［宋］李攸 撰. 宋朝事实，卷七. 见：文渊阁四库全书本［M］，第608册. 上海：上海古籍出版社，1989.

13.［美］辛格尔顿. 应用人类学［M］. 蒋琦，译. 武汉：湖北人民出版社，1984.

致谢

在写作过程中，我的导师潘谷西先生、北京故宫博物院的王仲杰先生、原北京房屋修缮二公司的边精一先生和已仙逝的北京工业大学胡东初先生等，都给予我悉心指导和帮助。在调研中，安徽歙县的王必如老师和休宁的李春午同志，曾用自行车带我穿行于乡间并作向导；北京智化寺的崔占魁老师傅曾让我立在他的肩膀上拍摄高处的彩画。在图片制作中，朱家宝老师和同行章忠民、张振光均给予了热情的支持和帮助。在此深表谢意。

1995年11月

图书在版编目（CIP）数据

江南包袱彩画／陈薇撰文／摄影. —北京：中国建筑工业出版社，2014.6
（中国精致建筑100）
ISBN 978-7-112-17139-2

Ⅰ.①江… Ⅱ.①陈… Ⅲ.①古建筑-装饰雕塑-建筑艺术-华东地区-图集 Ⅳ.① TU-852

中国版本图书馆CIP 数据核字（2014）第179989号

责任编辑：董苏华 张惠珍 孙立波
技术编辑：李建云 赵子宽
图片编辑：张振光
美术编辑：赵 清 康 羽
书籍设计：瀚清堂·赵 清 周伟伟 康 羽
责任校对：张慧丽 陈晶晶 关 健
图文统筹：廖晓明 孙 梅 骆毓华
责任印制：郭希增 臧红心
材料统筹：方承艺

中国精致建筑100

江南包袱彩画

陈薇 撰文/摄影

中国建筑工业出版社出版、发行（北京西郊百万庄）
各地新华书店、建筑书店经销
南京瀚清堂设计有限公司制版
北京顺诚彩色印刷有限公司印刷

开本：889×710 毫米 1/32 印张：$2^7/_8$ 插页：1 字数：123 千字
2016年12月第一版 2016年12月第一次印刷
定价：**48.00**元
ISBN 978-7-112-17139-2
（24360）